CHETCH by the European Union under
the Marie Curie Actions – IRSES

遠離風濕免疫病

主　　　編：　呂澤康　馬可迅
副　主　編：　王淑蘭　李翊森
編　　　委：　呂澤康　馬可迅　王淑蘭　李翊森　石崇榮
　　　　　　　趙可寧　盛燦若　袁炳勝　唐　鴿　樊少英
編　　　輯：　Annie
封 面 設 計：　呂澤康博士
排　　　版：　Leona
出　　　版：　博學出版社
地　　　址：　香港香港中環德輔道中 107-111 號
　　　　　　　余崇本行 12 樓 1203 室
出 版 直 線：　(852) 8114 3294
電　　　話：　(852) 8114 3292
傳　　　真：　(852) 3012 1586
網　　　址：　www.globalcpc.com
電　　　郵：　info@globalcpc.com
網 上 書 店：　http://www.hkonline2000.com
發　　　行：　聯合書刊物流有限公司
印　　　刷：　博學國際
國 際 書 號：　978-988-79344-8-6
出 版 日 期：　2019 年 8 月
定　　　價：　港幣 $128

Published and Printed in Hong Kong
如有釘裝錯漏問題，請與出版社聯絡更換。

 facebook.com/globalcpc

主編 呂澤康博士 簡介

呂澤康在 17 歲及 20 歲時，先後患上鼻咽癌及白血病（血癌），當知道了治療白血病的藥是運用中醫之以毒攻毒之法，由砒霜研發出來，使他開始對中國哲學及醫學產生興趣。加上癌病後其身體虛弱，四肢冰冷兼全身發寒，且每日被哮喘纏擾，因此促使其踏入學習中醫之路。

畢業於中國澳門科技大學中醫學院本科、中國南京中醫藥大學中醫婦科學碩士及中醫內科學博士，師承孟河醫派國醫大師朱良春教授、婦科不孕名醫趙可寧教授、風濕免疫病名醫周學平教授及著名針灸大師盛燦若教授。

為澳門中醫藥學會，英國皇家醫學會，英國不孕學會，世界中醫藥學會聯合會（古代經典名方臨床研究專業）委員會理事，英國中醫師學會（FTCMP）及英國中醫及針灸協會（ATCM）會員。

中醫類著作包括《治不孕錦囊－中英對照》及《中醫在西方－中英對照》。術數類著作包括《自學風水不求人》及《玄學揭秘》。專欄刊於英國華商報及澳門力報。

曾受訪媒體包括香港 Marie Claire、香港都市日報、網站 Oh! 爸媽、Sunday Kiss 及 Champimom 等。

個人網站：www.chakhonglui.com

主編 馬可迅博士 簡介

　　馬可迅，醫學博士，主治中醫師，國家級名老中醫學術繼承人，畢業於南京中醫藥大學。

　　從事中醫學習、臨床、科研十餘年，先後師從國家級名老中醫楊進教授、江揚清教授，後又拜於中醫風濕病專家周學平教授門下。主編出版《零基礎學中醫》等中醫專著，深受讀者歡迎，參編中醫著作多部，已發表學術論文十餘篇。臨床擅長辨治脾胃病、風濕病，尤其對慢性胃炎、胃潰瘍、十二指腸球部潰瘍、功能性消化不良、腹瀉、便秘、痛風、類風濕關節炎、骨關節炎、乾燥綜合症等疾病的中醫藥治療有獨到見解。

　　目前為中華中醫藥學會會員、世界中醫藥學會聯合會文獻與流派分會會員、南京中醫藥學會脾胃病專業委員會會員，並擔任南京市秦淮區中醫院門診部兼名醫堂主任。多年來致力於中醫科普，創辦微信公眾號"醫界書生"，開辦"薄荷中醫館"。長期擔任南京電視臺標點健康欄目、江蘇綜藝頻道康樂匯欄目專家嘉賓、南京新華書店"鳳凰文化早市"主講專家。

序一

風濕性疾病是泛指影響骨、關節及其周圍軟組織，如肌肉、滑囊、肌腱、筋膜、神經等的一組疾病。包括類風濕性關節炎、系統性紅斑狼瘡、強直性脊柱炎、原發性乾燥綜合症、骨關節炎、痛風等。屬常見病、多發病，嚴重影響人們的健康。風濕免疫病的病因眾多，發病機理也相當複雜。中醫學認為無非精氣虧虛，邪自內生，或正虛邪侵而發病。有急性發病，也有慢性發病。中醫學在風濕免疫疾病的防治方面具有其優勢。

呂澤康中醫師畢業於澳門科技大學中醫學院，曾旅居英國行醫 11 載，積累了豐富的臨證經驗，於去年回澳門懸壺濟世，深受民眾歡迎。呂醫師在繁忙診務之餘，不忘鑽研學術，著有《治不孕錦囊》，由澳門基金會等資助付梓，以饗讀者。現又撰就《遠離風濕免疫病》，以問題形式，深入淺出地解答人們關心的有關風濕免疫疾病發生發展、預防治療及調養保健等方面的常見問題。是書內容豐富，文字通俗，定能為人們正確認識風濕免疫疾病，進而有效防治，發揮積極的作用。

我和呂澤康中醫師相識多年，深知其為人正直，德術雙馨，是中醫界的後起之秀，樂之為序。

項平

新加坡中醫學院 院長
前南京中醫藥大學 校長
2019 年 7 月 28 日於新加坡

序二

　　近代說到治療風濕病，中醫業內人士和部份病人皆聽說過"南朱北焦"。"南朱"即指南通的朱良春教授，"北焦"是指北京的焦樹德教授，二位皆是治疑難病的大家，對治風濕免疫疾病尤有獨到的經驗和心得。而家父朱良春教授在五十年代創制的經驗方"益腎蠲痹丸"，更是目前唯一能修復骨膜破壞的中藥製劑。家父臨床70多年，秉承師訓「發皇古義，融會新知」，主張「經驗不保守，知識不帶走」。多年來，我親見他老人家為培養中醫人才，每每傾囊相授。湖南中醫藥大學的彭堅教授就在《我是鐵桿中醫》書中寫道：「當代的老中醫當中，最不保守的是朱良春先生。」

　　呂澤康醫師是家父晚年的博士學生，他曾旅居英國行醫十多年，著有《中醫在西方》及《治不孕錦囊》，兩書皆中英文對照，傳揚中醫不遺餘力，而其新作《遠離風濕免疫病》體現家父主張的「辨證與辨病相結合」，讓病人易於了解中西醫在治療風濕免疫病方面的各種優缺點，幫助他們盡快了解病情以便選取最適合自己的方法。作為一位醫生，能如此為患者着想，善莫大焉！今應其邀，樂之為序。

朱曉春
朱熹公第三十世孫
南通良春中醫醫院 副院長
2019 年 6 月

序三

　　中醫藥綿延數千年，依然煥發出活力，尤其對諸多疑難病症的診療具有獨特的優勢。風濕免疫病學是個古老又年輕的領域，古時就有張仲景、巢元方、朱丹溪、葉天士等先賢垂範百世，至今仍有許多中醫大師在臨床實踐中不斷精研、探究，這才讓中醫藥治療風濕免疫病取得令人矚目的療效。

　　"十年之計，莫如樹木；終身之計，莫如樹人。"中醫藥需要傳承，青年醫師的成長是事業發展之本。呂澤康、馬可迅等醫師，求學並臨證多年，立志於傳承中醫藥學術，普及中醫藥文化，在工作之餘，奮筆編撰了本書。書中從風濕免疫病的發生發展、診斷治療、調養康復等方面闡述，採用一問一答的形式，深入淺出，立足中醫理論，強調臨床實用，並通過案例分析，直觀地解說中醫診療思路和方法。全書語言通俗易懂，概念清晰明確，方法簡便易行，可供中醫初學者及中醫藥愛好者閱讀。今值此書出版之際，邀我為序，故欣然提筆。

周學平

南京中醫藥大學教授 博士生導師

2019 年 7 月

序四

　　行醫多年，見盡風濕病患者大部份都走了無數冤枉路，才被正確診斷出問題。此病的確非常困擾他們，輕者關節疼痛，重者脊柱等部位變形，嚴重影響日常工作和生活，其痛苦非常人可理解，而且在治療期間亦因對醫學不了解，在選擇治療方式上浪費了很多時間，耽誤及錯失了治療良機，故吾決定邀請好友馬可迅博士、李翊森博士及王淑蘭醫師一同寫下此書。

　　中醫治風濕病之療效有目共睹，吾師國醫大師朱良春教授就是當代運用蟲類藥治風濕病最有經驗的中醫之一，其女兒朱婉華院長也是治疑難病的高手。在他們南通醫院的診室中，往往可見到大批患者經治療後，徵狀緩解而向他們感謝，這些情景真是多到數不完。吾另一老師周學平教授亦是治疑難病的大國手，她更完全繼承了國醫大師周仲瑛教授之醫術。印象最深刻的是我隨她抄方之時，一位經老師看了多年的風濕病人，每次總是見他告訴其他病人關於他的治療感受，並勸他們必須堅持治療，更會讓別人看他的手指，然後說："你看，我堅持服中藥，手指關節沒腫痛，更沒變形，生活如常人⋯⋯。"上述事例，並非吾在吹棒老師，而是希望讓讀者知道，風濕病不是絕症，只要及早發現，堅持治療，大多數患者都是可以完全控制好的。

　　可惜，臨床上常聽到病人說服中藥沒被治好，原因是自明末清初西醫傳入中國，國人在西方哲學的影響下，使某部份中醫寫出的處方失去原味，加上中醫流派多，而且不同的中醫其個人經驗與用藥習慣差異很大，傳承過程又雜亂又缺乏系統性，導致樹大有枯枝，在劣幣驅逐良幣（Bad money drives out good）的經濟學定律下，優秀的中醫難有緣一見，導致民眾誤解中醫療效低者卻大大增加。

　　其實找中醫生治病，如度身訂造西裝，更像偵探查案，必須心思細密，機警過人，明察秋毫。中醫治病以辨證為核心原則，患者隨着徵狀的改變，病證亦改變，所以藥方也要更改，這樣才可做到醫聖張仲景的治病教條："隨證治之"。《傷寒雜病論》中所說的"證"，就是指徵狀和體徵。這治法與西醫以疾病來設定治療的方法，完全是不同思維，所以患者應如何選擇正確的中醫師，顯得更為重要。

　　讀者必須注意，吾並非貶低西醫，更非單純在吹棒中醫，作為醫者理應持平，中肯分析。中西醫各有優處，亦各有不足，個人認為二者是可互補的。舉例如在中西同治下的不孕病人，懷孕率可大大提升。習慣性流產病人在中西藥結合治療下，流產率接近零，而晚期癌症病人在中醫提倡的「帶瘤生存」協助下，延長了生存期的更大有人在，臨床上就有患者是「帶瘤生存」，有尊嚴地生存，有的壽命更延長了達十幾二十年。所以，只要患者不放棄，積極治療，途中分分鐘有新藥誕生，正如筆者當年的 M3 型急性白血病，多年前還屬於必死的癌病，隨着藥物的不斷改進，現在已降級為一個普通病。

本書以簡淺的文字讓讀者明白深奧的中醫，當中是以什麼理論及如何有效地對風濕病作出診治，並介紹了不同的中西醫檢驗及治法在治療過程中的優處及應注意的事項。本書宗旨在於希望讓風濕病患者在迷茫與痛苦之間可盡快得到適當的支援，並早日脫離苦海。

最後感謝南京中醫藥大學國際處張旭處長對本書的支持，新加坡中醫學院項平院長、南通良春中醫醫院朱曉春副院長及周學平老師的序。感謝馬可迅博士及其太太王淑蘭醫師為此書付出了極大的努力，李翊森博士的文章，亦非常感激梁崇烈先生百忙中抽空幫手校對此書。

此書若有錯漏，煩請賜教，不勝感激！敬希各界給予指正。

呂澤康

戊戌年夏 序於倫敦

www.chakhonglui.com

目錄

1 什麼是風濕免疫疾病？

其實，風濕免疫疾病是一大類疾病的總稱，它會損害全身各個組織和系統，症狀表現有異，患者可有發燒、關節腫痛、口腔潰瘍、皮膚出疹或潰瘍、貧血、出血、血尿、蛋白尿，甚至胸悶、氣憋、頭痛等，因此患者往往到了醫院，誤轉了幾個科室，如骨科、消化科、腎科、血液科或呼吸科等，浪費了一定時間，耽誤了治療，最後才找到風濕免疫疾科，所以這點必須注意。

在很多中國人的心中，風濕免疫疾病，都被誤解為風濕病（老人家一到打風落雨，手腳疼痛之症狀）。事實上，這是大大錯誤，因症狀易混淆，患者易忽略。民眾認為的風濕病，一般都是骨關節炎所致，確實屬於風濕免疫疾病的範疇，並指的是主要侵犯關節、肌肉、骨骼及關節周圍的軟組織，如肌腱、韌帶、滑囊、筋膜等部位的病。但這僅僅是風濕免疫疾病內 200 多種疾病中的一種而已。

風濕免疫疾病與免疫系統失調有關，患者因本身的免疫系統出現問題，免疫細胞過度活躍自我攻打，導致正常的關節、肌肉、皮膚或血管發炎。在 200 多種風濕免疫疾病中，主要包括類風濕關節炎、痛風性關節炎、系統性紅斑狼瘡、強直性脊柱炎、乾燥綜合症、皮肌炎、硬皮病、骨關節炎、白塞病等。類風濕關節炎，男女比例大約是 1：3；而亦屬常見的強直性脊椎炎，男女比例則是 3：1，一般症狀是關節發炎、疼痛、紅腫，嚴重的更會導致關節變形、傷殘，大大影響日常生活。由於上述疾病在治療上都存在一定困難，所以現今還是被歸到內科學內的疑難病。

2 哪些病人應找風濕免疫科大夫？

　　沒有學過醫的大部份群眾，其實並不知道哪些病是風濕病，所以也就不知道出現哪些症狀須要找風濕科大夫，這樣就做不到及時就醫，耽誤病情。下面給大家介紹風濕免疫科最常見的九大症狀：

　　首先是疼痛，疼痛是患者自己感覺到的痛苦症狀，也是風濕病中最常見的症狀。風濕病的疼痛主要表現在肢體關節疼痛、皮膚、肌肉等。

　　其次是關節腫脹，風濕病的關節周圍浮腫而脹的症狀，腫脹的部位高出正常皮膚，皺紋變淺或消失，或有光澤，按下去有凹陷。

　　第三是麻木，患者肌膚感覺異常或知覺障礙。麻木這兩個字還有區別："麻"是指自己感覺肌肉之間好像有蟲子爬行似的；"木"是指皮膚不知疼癢，無論是按是掐，都感覺不到。

　　第四是關節屈伸不利，比如四肢的關節，或者脊柱關節活動的範圍受到限制，或者活動困難。

　　第五是皮膚硬化，皮膚變硬，捏不起來，皮膚的紋理變淺甚至於消失。這種硬化的範圍會逐漸擴大，從局部到全身。

　　第六是皮膚紅斑，就是皮膚表面出現紅色斑樣改變，大小一般在 1-3 厘米，形態不同。

　　第七是皮下結節，有的患者會在皮膚下面出現小小的硬結，有的像小米粒一樣，有的像大棗一樣，壓下去會有輕微的疼痛。

　　第八是口眼乾燥，口乾缺少津液，眼睛乾燥缺少眼淚，這也是風濕免疫病中常見的症狀。

　　第九是口腔潰瘍，口腔黏膜出現在口唇、牙齦，還有舌頭上，大小不一，局部紅腫，表面有黃白色分泌物，經常反覆發作。

　　如果出現了以上九種症狀的任何一種，就要引起重視，及時去看風濕免疫科的醫生了。

3　中醫也會看風濕免疫病嗎？

　　風濕病，在中醫學上也稱"痹"、"痹證"、"痹病"等，是由於人體營衛氣血失和，風寒濕熱等邪氣侵襲肌膚經絡筋骨經脈，邪正相搏，氣血痹阻，出現的以肢體關節疼痛、腫脹、重着、麻木，甚則關節變形及活動受限，或累及臟腑為特徵的一類病證的總稱，包括了中醫傳統的各種痹證。"痹"這個疾病名詞早在千年前的巨作《黃帝內經》即出現了，顯示中醫風濕病基本理論的形成，並稱風濕病為"痹"。

　　《素問》設"痹論"專篇，《靈樞》設"周痹"專篇，書中對風濕病的概念、病因、病機、病位、命名、分類、表現、治療、預後、治未病等均有系統論述。《素問·痹論》："風寒濕三氣雜至，合而為痹。""以冬遇此者為骨痹，以春遇此者為筋痹，以夏遇此者為脈痹，以至陰遇此者肌痹，以秋遇此者為皮痹。"《內經》對風濕病的論述精闢，內容豐富，至今仍有效地指導着臨床實踐。

　　在張仲景的《傷寒雜病論》時期，標誌中醫風濕病辨證論治方法的形成，因為該書開始使用"風濕"一名，創立了理法方藥相結合的風濕病辨證論治方法。並指出："病者一身盡痛，發熱，日晡所劇者，名風濕"；"關節疼痛而煩，脈沉而細者，此名濕痹"；治療風濕病，法當"微微發汗，風濕俱去"，若內濕重，"但當利其小便"等。

　　在皇甫謐《針灸甲乙針》中，則記載了針灸治療風濕病的內容，既重視痹痛局部取穴，又重視全身辨證取穴。

　　宋代官修方書《太平聖惠方》，開始使用蜈蚣、烏梢蛇、全蠍等藥來治療風濕。明代中醫家張介賓將風濕病分成風、濕、寒、熱四類，進行辨證論治。

　　從上述中醫歷史上對風濕的記載，還須對中醫也會看風濕免疫病產生懷疑嗎？

4 什麼樣的人會容易得風濕免疫病？

根據臨床的觀察和實驗得知，風濕免疫病大多具有遺傳傾向。主要與遺傳、感染、內分泌、免疫、個人日常生活等因素有關，所以只要跟這些原因有關的人，皆為容易得風濕免疫病的高危險群。

1、遺傳因素

越來越多的資料表示風濕病與遺傳因素有關。類風濕關節炎、強直性脊柱炎均有遺傳傾向，痛風、風濕熱與遺傳因素也有緊密關係。

2、感染因素

很多風濕病與感染有關。如風濕病的發病與 A 型溶血性鏈球菌的感染有關，強直性脊柱炎與肺炎克雷伯氏菌感染有關，類風濕關節炎與微生物感染有關。

3、內分泌因素

雌激素可刺激類風濕關節炎的發病。

4、免疫因素

免疫異常在風濕病的發病中佔有重要地位，很多風濕病至少有部份原因是由免疫異常引起的。如類風濕關節炎屬於自身免疫性疾病。

5、個人因素

(1) 關節勞損：長期進行超負荷工作的人須要注意，一定要積極防禦風濕侵害，這是常見的風濕的病因。如相當常見的慢性下腰勞損、腱鞘炎等，受累部常有長期過勞的歷史，這種慢性積累性損傷也可以造成受累組織的充血、水腫、黏連而導致疾病的發生。

(2) 工作環境：我們可以發現生活中有不少長期在寒冷環境中工作的人都受到了風濕疾病的侵襲，風濕寒性關節痛，風濕的病因與寒冷、陰暗、潮濕、汗後當風等環境因素密切相關。

6、其他因素

物理因素、化學因素、環境因素、機體素養等也均是重要的誘發因素。

5　風濕免疫病與生活環境有關係嗎？

有關係，而且關係很大。

風濕病形成的原因，與風寒濕熱等外邪關係都非常密切，比如季節轉換的時候，人的機體虛弱，就容易感受外邪。無論是秋冬季天氣突然寒冷，還是夏季天氣突然炎熱，外邪都會侵入人體，如果不能及時袪邪，則會成為發病的誘因。

現代社會空調設備普及，長期在空調房間內生活工作的人，很容易出現關節酸痛的症狀。由於室內外氣溫差異太大，出入室內外的時候不注意增減衣服，就會給外邪可乘之機。還有一些工作環境，比如冷庫裏，或者經常要接觸涼水的工作，血管經絡時常緊張，引起疼痛麻木等風濕病。

生活在潮濕環境中，或者居住地比較低窪，或者工作在潮濕環境中，或者夏天大汗淋漓，汗孔容易打開，濕邪很容易積累在體內，成為疾病的誘因。而在梅雨季節，很多風濕免疫病很容易復發，或者病情加重，就是因為體內的濕氣與環境中的濕邪交結，更容易發病。

生活環境還包括飲食環境，一個地區，或一個民族的飲食環境都會影響病情，刺激性的食物、生冷食物、油膩食物，都是風濕免疫病的誘發因素。

6　風濕免疫病分為哪些類型？

按照發病的原因分類，是長期以來，中醫對風濕免疫病的分類方法，對指導臨床實踐非常有效。一般來說，分為以下幾種：

風痹：以感受風邪為主，侵犯肌膚、關節、經絡，表現為疼痛遊走不定，不會固定在某個部位。

寒痹：因為陽氣不足，感受寒邪為主，表現為肢體關節疼痛非常明顯，固定在某個位置不移動，遇到寒冷就加重，遇到熱就會減輕或緩解。

濕痹：以感受濕邪為主，濕邪留滯在肢體、關節、肌肉之間，表現為這些部位的腫脹疼痛、重着麻木。

熱痹：感受熱邪或濕熱之邪，或者是風寒濕邪入裏化熱，以肌肉關節的紅腫熱痛，伴有身體發熱、汗出、口渴、舌苔黃膩、脈象滑數為特點。

燥痹：以感受燥邪，或熱邪日久化燥傷陰，出現肌肉瘦削、關節不利、口鼻乾燥，眼目乾澀的症狀。

但是，風濕免疫病往往發作都不是單一的類型，經常是兩種或者多種夾雜在一起的。

風寒濕痹，是風、寒、濕兼夾而至，但有的以風、濕為主，有的以寒、濕為主，但也有風、寒、濕三者兼重的。濕熱痹，這一類，臨床很多見，集中了濕痹和熱痹的特徵。

7 風濕免疫病有哪些常見症狀？

風濕免疫病有很多特殊症狀，首先是疼痛。疼痛是患者的一種內在的自覺痛苦的症狀，風濕免疫病的疼痛主要表現在肢體的關節、皮膚、肌肉、經脈等，幾乎所有風濕免疫病都可以發生疼痛。根據疼痛的病因病機和臨床表現不同，可以分為寒性疼痛、熱性疼痛、血瘀疼痛、痰濕疼痛、陽虛疼痛。

關節腫脹，指的是關節周圍浮腫而脹的一種症狀，腫脹的部位膨脹隆起，高出正常皮膚，按上去有凹陷或者濡軟。

發熱，體溫比正常升高，也是風濕免疫病的常見症狀之一。

麻木，是指患者肌膚感覺異常或知覺障礙，"麻"是指自己感覺肌肉裏面像蟲子爬行，按上去也不會停止；"木"是指皮膚不知道癢痛，無論是掐還是按上去都感覺不到，多見於四肢。

肢體屈伸不利，是指四肢的關節、脊柱活動受到限制或者活動困難，既可以發生在某一個關節，也可以發生在多個關節。

多汗，很多風濕免疫病患者會出現比平常人汗多，嚴重的經常衣服都濕透了。

皮膚硬化，皮膚變硬，用手指捏不起來，皮膚的皺紋變淺或者消失，這種症狀輕的見於四肢，重的四肢、軀幹、面部都會硬化。

皮膚紅斑，有的患者的皮膚會出現紅色的圓形、橢圓形或不規則形態的斑樣改變，紅斑的大小一般為 $1\sim3cm^2$，多發生於四肢、胸部和面部。

皮下結節，是皮膚下面出現小的硬結，多發生在關節突出的部位，小的僅有小米粒樣的大小，大的有大棗一樣大，壓上去會有輕度的壓痛。

晨僵，患者早晨醒來後自己感覺關節僵硬、屈伸不利的一種症狀。

畏寒惡風，包括惡風、惡寒、畏寒三種情況，既可以是全身的，也可以是肢體關節的局部症狀。

8　風濕免疫病有哪些常見證候？

中醫診斷疾病，要總結出證候，才方便進一步開藥。風濕免疫病證候有很多種，這裏僅僅列舉幾個最常見的證候類型。

風寒痹阻證：肢體發冷、疼痛，遊走不定，遇寒則疼痛加劇，遇熱則疼痛減輕，局部皮膚的顏色不紅，摸上去也不熱，關節屈伸不利，惡風畏寒，舌質淡紅或黯紅，舌苔薄白，脈弦緊或弦緩或浮。

風濕痹阻證：肢體關節肌肉疼痛、重着，遊走不定，隨着天氣變化而發作，怕冷，肌膚麻木不仁，舌質淡紅，舌苔薄白或膩，脈浮緩或濡緩。

寒濕痹阻證：肢體關節冷痛、重着，疼痛有固定的部位，關節屈伸不利，遇熱疼痛減輕，或者疼痛的部位有腫脹，舌質白膩，脈弦緊、弦緩或沉緊。

濕熱痹阻證：關節或肌肉局部紅腫、疼痛、重着，摸上去皮膚有灼熱感，口渴但是又不想喝水，煩悶不安，小便黃，舌質紅，苔黃膩，脈濡數或滑數。

瘀血痹阻證：肌肉、關節刺痛，部位固定不變，痛的部位對觸摸有抗拒感，夜間比白天症狀重，局部腫脹或有硬結、瘀斑，面色黧黑，肌膚甲錯，或者乾燥沒有光澤，口乾但不想喝水，舌質紫暗，或有瘀斑，舌苔薄白或薄黃，脈沉澀或細澀。

瘀熱痹阻證：關節腫，疼痛像針刺一樣，部位是固定的，肌膚的顏色呈暗紅色，有斑疹，手腳有很多斑點，常常有低熱感，煩躁易生氣，舌紅苔薄白或有瘀斑，脈細弦、澀數。

肝腎陰虛證：肌肉關節煩疼，夜間尤其更重，肌膚麻木不仁，行走困難，筋脈拘急，屈伸不利，腰膝酸軟無力，而且往往病情時間很長，關節有變形，形體消瘦，咽乾口燥，舌紅少苔，脈細數或弦細數。

當然，風濕免疫病的證候類型遠遠不止這些，不同的證候類型之間還有兼夾，最重要的是靈活掌握。

9 怎樣根據舌苔判斷風濕免疫病的證候？

　　舌象是中醫診斷中非常重要的一環，如果能夠對舌象有所了解，就可以及時知道身體的變化，判斷風濕免疫病的證候類型。為了讓大家更加清楚的看明白，我們用一張圖表來展示：

證候	舌質	舌苔
風寒痹阻	舌質淡紅	舌苔薄白
寒濕痹阻	舌質胖淡	舌苔白膩
風濕痹阻	舌質淡紅	舌苔薄白或薄膩
濕熱痹阻	舌質紅	苔黃膩
瘀血痹阻	舌質紫黯或有瘀斑	舌苔沒有特徵
痰瘀阻絡	舌質紫黯或有瘀斑	舌苔白膩
熱毒痹阻	舌紅或紅絳	苔黃
瘀熱痹阻	舌紅苔薄白或有瘀斑	舌苔沒有特徵
氣血兩虛	舌淡	苔薄白
氣陰兩虛	舌胖質紅或淡紅，舌上有裂紋	舌苔少或無苔
陰虛內熱	舌質紅或紅絳，舌瘦小有裂紋	苔少或苔薄黃
氣虛血瘀	舌質黯淡有瘀斑或瘀點	舌苔沒有特徵
肝腎陽虛	舌質淡或胖嫩	苔白滑
肝腎陰虛	舌紅	苔少或無苔

10 符合解讀風濕免疫病的驗血報告

風濕免疫病有幾項非常特別的驗血指標，根據這些指標，我們可以判斷究竟是哪種風濕免疫病。

抗環瓜氨酸胎抗體（抗CCP）在診斷類風濕關節炎的時候非常重要，如果它出現陽性結果，那麼基本上可以診斷為類風濕關節炎，而且它告訴我們，病情重、骨破壞明顯。

類風濕因子（RF）是最常用的風濕免疫病指標，它在類風濕關節炎中比較多見，除此之外，乾燥綜合症也會出現類風濕因子明顯升高的現象。

C反應蛋白（CRP）的升高，提示身體裏有急性的炎症反應，可以說明風濕免疫病正在發作重。

抗核抗體（ANA），抗核抗體不僅僅是一種指標，而是一組指標。從總體上來說，如果抗核抗體的結果 ≥ 1:40，就屬於陽性，提示風濕免疫病的存在。它還包括很多具體的指標，常用的有抗dsDNA抗體，它是診斷系統性紅斑狼瘡的重要指標。抗組蛋白抗體（AHA）可以反映藥物引起的狼瘡、硬皮病。抗SSA/RO和抗SSB/La抗體，是系統性紅斑狼瘡和乾燥綜合症的重要指標。

抗角蛋白（AKA），抗角蛋白對於診斷類風濕關節炎的意義很高，它與類風濕因子一樣，可以成為診斷類風濕關節炎的主要標誌。

血沉（ESR）的加快以及抗 "O"（ASO）的提高，都告訴我們，身體有炎症正在發生，這也是風濕免疫病常用的指標。

以上這幾種，都是風濕免疫病常用的驗血指標，當然，對於閱讀驗血報告，也是需要經驗的，應該聽取醫師的意見。

11 中醫也會看現代的驗血報告嗎？

　　中醫的治病原則是望聞問切，辨證施治。隨着時代的進步，出現了一些古代不曾出現的疾病，而這些疾病的診斷都是靠西醫的檢驗報告來確認，並透過抽血檢驗報告來知道疾病的發展與緩解。而現代的中醫隨着時代的進步，也會參酌西醫的檢驗報告嗎？答案是肯定的，由以下敘述即可窺知一二。

　　腎虛陰虧、瘀毒內蘊是 SLE 的基本病機，所以補腎化毒為其治療大法。一般使用具有補腎滋陰、涼血解毒、化瘀通絡之功的中藥，並能補虛瀉實，標本兼顧之品。實驗研究表明，這類中藥能抑制活動性 SLE 患者血清 sIL-2R、TNF-α 的增高，減少了自身抗體和免疫複合物的形成。又能降低 BXSB 狼瘡小鼠血清抗 -dsDNA 抗體滴度；對小鼠腹腔 M 中的 Ia 抗原表達有下調作用；並具有調節 T、B 淋巴細胞紊亂的作用；此外，在小鼠腎臟組織形態學及免疫組化改變方面發現，此類藥能減少狼瘡小鼠腎臟 IgG 螢光染色陽性腎小球數，顯著降低螢光染色面積及螢光強度的等級評分。臨床研究亦表明：此類藥結合西藥具有協同發揮療效的優勢，有利於改善症狀、撤減激素和降低西藥的副作用，且在病情復發率等發病明顯少於單用西藥者。

　　乾燥綜合症屬中醫 "燥痹" 範疇，陰虛燥熱為基本病機，風熱燥毒痹阻津液隧道，導致口、眼、鼻腔乾燥。一般中醫臨床選用養陰生津，潤燥止渴之品，來隨症化裁。臨床有多篇研究報導指出：此治療方式不僅能有效改善口乾、眼乾等症狀，還能顯著降低 sICAM-1、免疫球蛋白、血沉等水準，且未發現明顯不良反應，表明此法治療 pSS 安全有效，還有一定免疫調節作用，能夠降低疾病的活動性，穩定病情。

　　又如 RA 病情活動甚時，關節活動功能不佳，又疼痛的狀況下，一般會使用中藥的雷公藤、雞血藤、青風藤等類來活血通絡、緩急止痛。此類中藥效果雖好，但易造成肝功能損傷；所以再使用此類中藥時，須藉由抽血報告檢驗肝功能是否異常，再下藥使用。

　　由此可知，藉由現代西醫的驗血報告，不只可以輔助中醫的辨證施治用藥，更可讓患者知道服用中藥後除了主觀症狀的緩解外，也有客觀的科學檢驗數值，來證明病情的緩解和穩定。

12 風濕免疫病的發病原因及機制是什麼？

每個人自體都有免疫力，正常人的免疫力就像守護國土的戰士一樣，每每只要有細菌、病毒等"外敵"入侵身體時，身體就會釋放警報，機體免疫力就會被動員起來，把"外敵"消滅掉。

然而，有部份人群，這部份正常的免疫力被削弱了，此外又分化出一些"一念成魔"的"異議份子"─致病性 T 細胞、B 細胞等免疫細胞異常活化、增殖，由此產生了多種炎症介質、自身抗體（猶如敵我不分的"暴民"），這些"暴民"因為"敵我不分"，開始攻擊人體正常的組織器官，或攻擊人體的皮膚、關節、臟器，於是風濕免疫疾病就發生了。這就是大部份風濕免疫疾病的發病原因。

一般造成正常免疫力的分化的原因，醫學上統計歸納有：意外創傷、居住環境及工作環境潮濕、體弱多病、婦女懷孕和"坐月子"常用冷水與過勞、長期與水打交道、血液品質差引起微循環障礙、遺傳因素、藥物因素、勞損、感染因素。

風濕免疫病發病機理其實相當複雜，各種風濕病的免疫病理損傷及組織器官類型也不一樣，其自身免疫機理也不盡相同，但共同點都為免疫調節缺陷，特別是特異性免疫調節缺陷在各種風濕病中普遍存在。

越來越多資料表明，遺傳因素與風濕免疫病的關係極為密切。早在 1889 年就有人指出，風濕免疫病常可在同一家族的成員中發病。此後也有人發現家族性發病比率較高。父母有風濕病的兒童，其發病率高於雙親無風濕病的兒童。有關單卵雙胞胎的研究認為，其中一個患風濕病，則另一個有 20% 的可能亦將發病。因此在對風濕病患者做了大量的研究之後，有的學者認為風濕病的易感性與常染色體的隱性基因有關，但仍須進一步的研究證實。

13　發現風濕免疫病之後該怎麼面對？

　　臨床上常聽患有風濕病家屬抱怨說，親人生病後常為一點小事發脾氣，嫌這嫌那，特別不好侍候。殊不知這並不能責怪病人，而是患了風濕病這樣的慢性病後，病人在心理上會發生一系列變化，出現許多容易被人誤解的心理困擾。風濕病患者要深入了解病情的關鍵以及發病的機制，了解自己所患疾病的根源，治療過程中積極配合醫護人員，與醫生多交流，主動去了解疾病，掌握疾病的規律，這樣可以避免治療走彎路，耽誤治療時間，提高治療效果。

　　還有些風濕病患者剛得病時，就妄想一劑藥物就能解決所有問題，急於求成；有些患者剛開始治療一段時間，覺得症狀緩解了，就認為病好了，不和醫生商量自行停藥；有些患者治療了一段時間後，覺得效果不明顯，就跑到其他科室或其他醫院進行治療。這樣做的結果往往事與願違。患者須要了解風濕病屬慢性病，常用藥物一般都須要服用 3 個月或以上才會開始症狀緩解，且治療一般須要持續 1 年以上才可能完全緩解。即便完全緩解，也須小劑量持續用藥維持，並不是 1 天或者 1 周就可以治好。因此，風濕病治療往往需要患者足夠的耐心和韌性，心無旁鶩，堅持到底。而不能治治停停，三天打魚，兩天曬網，這樣反而耽誤病情。

14 在服用西藥時，可同時看中醫嗎？

答：可以，而且應該中西醫結合治療。西藥的即刻治療效果和短期療效是非常顯著的，應該說優於中藥。但是，西藥有不少不良反應，甚至中毒反應還很嚴重。當減量或停藥之後，容易發生病情波動，而長期使用，又會出現耐藥性，從而降低療效。中藥雖然起效相對較慢，但其優勢確是能長期用藥，遠期療效會越來越好，絕大多數中藥的副反應都很少，可以長期甚至終身服用。

所以，在患風濕病之後，應該及時採用中藥和西藥聯合治療，相互配合，優勢互補。在服用西藥時，同時服用中藥，有以下幾種好處：①中西藥各自發揮優勢，解決不同的問題。②互相促進，增進療效。③中藥可以減輕西藥的毒副反應。④輔助西藥逐漸實現減量或者停藥。⑤防治西藥停藥之後的病情反覆。

比如乾燥綜合症，以中藥治療主病，治療口乾和腮腺腫脹，而用西藥滴眼改善眼乾、眼炎。再比如長期使用糖皮質激素的患者，會造成骨質疏鬆，使用中藥可以益腎壯骨、調節鈣磷代謝，保護骨質。長期患風濕病，免疫力低下，會繼發各種感染，比如肺支氣管繼發感染、腸道感染、慢性尿路感染，用中藥能夠清熱解毒、扶正祛邪，提高免疫力，減輕感染。

總之，中藥與西藥，在合理的配合之下，能夠起到增進療效、降低副作用、提高患者生活質量等目標。所以，在服用西藥的同時，是可以而且應該看中醫、服中藥的。

15　在哪些情況下，中醫治療比西醫更具備優勢？

　　風濕免疫疾病在西醫使用的藥物，主要為非甾抗炎藥、免疫抑制及激素，而其長期用藥的毒性和不良反應一直為人所討論不休。所以中醫藥在風濕免疫病的治療上日益顯示出其獨特的優勢，從幾點的敘述可窺知一二。

　　中醫治療疾病的最大特點是辨證論治、整體調節。對於風濕免疫病患者來說，根據病人當前的主要臨床表現，辨別其病性屬虛、實、寒、熱何種；再如體質偏虛者，當判斷是氣虛、血虛、陰虛、陽虛、肝腎虧虛，抑或脾腎虧虛。繼而綜合辨證，整體調理。辨證論治，整體調理的治療方法，須要醫師全面且系統地權衡病人邪正盛衰的情況進而，強調辨證求因，治病求本，既抓住疾病的本質，又重視疾病的表象，注重標本同治、邪正兼顧，而不是頭痛醫頭，腳痛醫腳。

　　彌補西藥不足，並減輕其毒性和不良反應。中西醫結合治療風濕類疾病目前已成為臨床主要治療方案，主要是在中醫辨證論治基礎上，一是合併使用非甾體類抗炎藥，既可加強其解熱鎮痛之療效，又可彌補非甾體類抗炎藥療效不持久、不能控制病情進展的不足；二是合併使用改善病情藥，通過調整全身氣血陰陽的盛衰，既能改善臨床症狀，使聯合用藥能充分發揮藥效作用，又能根據已發生或可能發生的不良反應進行辨證治療；三是合併糖皮質激素類藥物，在激素減量過程中，往往容易導致疾病的反跳，配合中藥治療能有效減少患者對激素的依賴。四、運用中藥治療還可以減輕激素的不良反應，如預防感染的發生等。如清熱解毒藥對應用激素後感染的誘發和加重，具有良好的抗感染作用，而無引起二重感染之弊；健脾補腎藥可提高機體抗感染能力；滋陰清熱或溫補腎陽中藥與激素聯合應用，可以清除其食欲亢進、情緒激動、心煩失眠等不良反應並提高療效；補腎活血可以防治激素導致的股骨頭壞死；健脾和胃藥可減輕免疫抑制劑或甾體抗炎藥對胃腸道的刺激；益腎填精藥可防止免疫抑制劑對骨髓及機體正常免疫力的過度抑制等。

　　另眾所周知，免疫功能紊亂與大多數風濕病的發病密切相關，應用皮質激素或免疫抑制劑治療後，雖能抑制異常的免疫反應，但同時也可導致正常免疫功能的低下，容易誘發感染等併發症。而中醫則重視人體的正氣即本身的抗病防病能力，中藥本身不是激素或免疫抑制劑，但大量臨床報導和實驗證實，通過補腎（如金匱腎氣丸）或健脾（補中益氣湯）等扶正療法，可以調動機體促進自身增加激素、細胞因數的分泌，發揮其治療效應。尤其是組成中藥複方後可針對不同證候類型，發揮相應調節作用，使偏亢的免疫反應得以平息，使不足的免疫功能得到恢復，這種通過多層次、多途徑抗炎止痛的所謂"雙向調節"治療機制，值得深入探討。

中藥絕大多數是很安全的，沒有明顯的不良毒副反應，可以長期服用，甚至終身服用。這已為二千多年的臨床實踐所證實。慢性的、一輩子的風濕免疫性疾病，在大多數情況下，不可能一輩子服西藥，但可以一輩子服中藥。當然，也有少數中藥有明顯的副作用，有即刻的，也有遠期的，要注意儘量不用或少用這類藥，如有不良反應，就要儘快進行調整。

16　中西醫在風濕免疫病上，可使患者痊癒？

　　風濕免疫病是一大類慢性病，比較頑固，容易反覆發作，纏綿難癒，而且因為患者的情緒會隨着病情變化，導致情緒退化，反過來又加重病情。所以，面對風濕免疫病，有一句話叫："三分治療，七分調養"，說明無論是用中醫還是西醫，或者中西醫結合治療，同時都要進行調養，然後才能提高風濕免疫病患者的康復。調養包括：情志調養、起居調養、功能鍛鍊等等。

　　中醫很早就提出，疾病的發生發展與人的精神狀態密切相關，因此保持精神愉快是預防風濕病的重要方面，而精神愉快也可以有效輔助康復。這一點不僅僅是患者自己，醫生、護士、患者的家人要共同配合，才能給患者信心，保持情緒穩定。

　　風濕病的成因，與風寒濕熱之邪密切相關，因此風濕病患者平時應該非常注意防範風寒濕熱諸邪，尤其是身體虛弱的時候、季節轉換的時候，最應注意。居住環境最好是向陽、通風、乾燥的。長期臥床的患者，應該注意經常更換體位，防治發生褥瘡。對於關節變形的患者，要幫助設計簡便的生活用具。

　　功能鍛鍊也很重要，能促准機體血液循環，改善局部營養狀態。須要指出的是，風濕病急性期發作的時候，一定要休息。病情緩解之後，可以做"八段錦"等傳統功法，適可而止，量力而行。

　　所以，只有中西醫治療必須配合積極的調養，才能使病情痊癒。

17 能具體介紹中醫治療風濕免疫病的思路及治療原則嗎？

　　中醫治病與西方醫學在思路上差異很大，中醫以辨證論治為主，雖為同一個西醫定名的疾病，交到中醫處理時，因其寒熱虛實不一，治法可以有很大的區別，即所謂的同病異治，或異病同治。

　　舉例如某位硬皮病患者，若少腹弦急，陰頭寒，目眩髮落，舌淡紅，脈象極虛芤遲，或芤動微緊者，處方可用桂枝龍骨牡蠣湯加減（桂枝、芍藥、甘草、生薑、大棗、龍骨、牡蠣），但同是硬皮病患者，若見虛熱內熾，月經先期，量少色紅，質稠黏，伴有潮熱、盜汗，咽乾口燥，舌紅苔少，脈細數無力者，就可處方兩地湯加減（大生地、玄參、白芍、麥冬、地骨皮及阿膠），這就是同病異治。而異病同治，若患者甲是硬皮病，患者乙是類風濕關節炎，但二人症狀皆見發熱、自汗出、渴喜熱湯、少氣懶言、大便稀溏、肢體倦怠乏力，舌淡苔白、脈虛軟無力者，則處方可同服補中益氣湯加減（黃芪、白朮、人參、陳皮、當歸、柴胡、升麻及甘草）。

　　所以，中醫治病，必須通過醫師診斷，患者不應誤信偏方，更沒有神丹妙藥。

18 有哪些治療風濕免疫病的常用中藥？

羌活

羌活味辛、苦，性溫。歸膀胱、肝、腎經。它能夠用於治療風寒造成的風濕病，比如關節肌肉怕冷疼痛都可以使用。尤其對於寒濕較重引起的上半身和腰背正中部怕冷和攣縮感，有非常好的效果。

防風

防風味辛、甘，性溫。歸膀胱、肺、脾經。它能夠祛除經絡中的風濕，是治療風濕免疫病的常用藥。

桂枝

桂枝味辛、甘，性溫。歸心、肺、膀胱經。它能夠發汗助陽，溫通經脈。治療風濕痹痛，尤其是肩關節、上肢的疼痛，而且怕冷的類型。

生地黃

生地黃味甘，性寒。歸肝、腎經。它的作用是清熱涼血，養陰生津。用於肝腎虧虛造成的腰腿痹痛、四肢酸軟無力。如果有口舌乾燥的，也可以使用。

土茯苓

土茯苓味甘、淡，性質平和。歸肝、胃、腎經。能夠解毒除濕，利關節。治療風濕免疫病的各種腫痛，對消腫很有效果。

川芎

川芎味辛，性溫。歸肝、膽、心包經。它有很好的活血行氣作用，也能夠祛風止痛。用於血瘀氣滯導致的疼痛，關節刺痛、皮膚顏色偏黯，舌質有瘀點。

雞血藤

雞血藤味苦，性溫。歸肝、腎經。它有很好的補血活血的作用，不僅能夠通經絡止痛，還可以強壯筋骨。風濕免疫病造成的肢體麻木、腰膝酸痛等，尤其對於身體虧虛的，年紀較大的人，很適合。

牛膝

　　牛膝味苦、酸，性平。歸肝、腎、膀胱經。它有很好的補腎養肝的作用，強壯腰腿膝關節。牛膝有兩種：懷牛膝和川牛膝。懷牛膝用於治療腰腿疼痛，不管是腎虛的腰腿痛，還是跌打損傷導致的，都可以用。川牛膝用於引導其他藥物向下肢運行，治療風濕腰腿疼痛，還擅長活血化瘀。

杜仲

　　杜仲味甘、辛，性溫。歸肝、腎經。它能夠補肝腎、強壯筋骨。凡是風濕痹痛、肝腎不足導致的腰膝酸軟疼痛的，用起來都很好。這一類人容易怕冷，小便多。

秦艽

　　秦艽味苦、辛，性平。歸胃、肝、膽經。是祛風濕的通用藥，無論是風、寒、濕、熱造成的風濕病都可以使用。用於治療肢體關節疼痛、四肢的活動範圍變得局限的情況。

19 有哪些治療風濕免疫病的常用驗方？

中醫有很多有效的經驗方用來治療風濕免疫病，其中又有很多已經被製作成中成藥，服用起來很方便，而且在許多藥店都可以買到。

先給大家介紹幾張有效的經驗方：

防己黃芪湯：防己9g、黃芪12g、甘草6g、炒白朮12g，大棗3枚、生薑9g。這是張很經典的方子，能夠益氣祛風，健脾利水。對於出汗多，身體稍微有點腫，關節疼痛的症狀有效果。

治上中下痛風方：制南星9g、川芎9g、白芷6g、桃仁9g、神曲12g、桂枝9g、防己9g、龍膽草9g、炒蒼朮9g、黃柏6g、紅花6g、羌活9g、威靈仙9g。這裏須要指出的是，此處的"痛風"並不是一般所說的痛風病，而是囊括了所有以疼痛為表現的風濕免疫病，這張方子能夠清熱止痛、通經活絡。對於濕熱導致的痹痛有好的效果。

當歸拈痛湯：羌活9g、獨活9g、防風9g、防己9g、油松節9g、赤芍9g、炒蒼朮9g、豬苓9g、粉葛根9、綿茵陳15g、虎杖15g、宣木瓜12g、全當歸12g、忍冬藤30g、生甘草5g。這張方子能清熱通經，散風止痛。濕熱痹痛都可以使用。

以上是三張治療風濕免疫病的經典驗方，但是由於使用的時候須要抓藥，還是比較麻煩，現在我們再介紹七張已經做成中成藥的方子，方便大家使用。

仙靈骨葆膠囊：這個中成藥非常常用，它具有滋補肝腎，活血通絡，強筋壯骨的功效。用於治療肝腎不足、瘀血阻絡所導致的骨質疏鬆。那大家怎麼才能判斷是這種情況呢？一般我們看到腰背部疼痛、腳和腿酸軟沒有力氣、容易疲勞，就可以服用這個藥了。

正清風痛寧片：這個中成藥在治療風濕免疫病的時候，效果也很不錯。它能夠祛風除濕、活血通絡、消腫止痛，用於風寒濕痹阻的證候。如果看到肌肉酸痛、關節腫脹疼痛、屈伸困難，還容易出現麻木僵硬的，就可以服用。

尪痹顆粒：這個中成藥對於肝腎虧虛比較厲害的，表現為關節輕度腫痛、麻木、沉重，而且四肢冰涼、關節變形的，有比較好的療效。

二妙丸：這個中成藥僅僅由蒼朮和黃柏兩種中藥組成，但是效果很好，主要起到清熱除濕的作用。如果看到肌膚麻木，關節沉重，腫痛的部位比較固定，舌苔白膩或黃膩的，就可以判斷為濕熱痹阻，可以用這個藥了。

獨活寄生丸：這個中成藥是很常用的，應用範圍很廣，對於很多類型的風濕免疫病都可以使用。只要見到腰膝怕冷疼痛，關節屈伸不靈活，或者麻木不仁的，都可以用。

祖師麻片：這個藥對風寒濕造成的關節炎、類風濕關節炎有較好的療效。

益腎蠲痹丸：能夠溫腎陽，通經絡，用於治療關節疼痛、紅腫、畸形的類風濕關節炎、腰頸椎骨質增生、肩周炎等。

注意：服用任何中藥處方前，必須通過專業醫師診斷，否則可導致疾病變差或死亡。

20　針刺可以治療風濕免疫病嗎？

　　針刺可以治療風濕免疫病。尤其是類風濕性關節炎、強直性脊柱炎、骨關節疾病等都是針灸科常見病，也是針灸科擅長治療的疾病。針刺治療風濕免疫病的基本原則是清熱溫寒、補虛瀉實。關於針刺治療風濕免疫病的療效，要看針刺施針者對於具體疾病處於不同時期的穴位選擇以及施針者的針刺手法。

　　如果關節疼痛沒有固定的部位，遊走不定的，取膈俞、血海；如果關節冷痛喜歡保暖，遇熱則疼痛減輕的，取腎俞、關元；如果關節紅腫，灼熱疼痛的，取大椎、曲池；以關節疼痛重着，疼痛有固定部位的，取足三里、商丘。以下還有根據不同部位來配合取穴的：

- 項部疼痛選用頸夾脊、列缺、曲池、合谷。
- 肩部疼痛選用肩貞、肩髃、肩髎、懸鐘。
- 肘部疼痛選用曲池、手三里、合谷、小海。
- 手腕疼痛選用合谷、陽溪、腕谷、陽谷、陽池。
- 腰部疼痛選用大腸俞、腎俞、秩邊、環跳、承扶、委中。
- 髖部疼痛選用環跳、曾陽、秩邊、承扶、風市。
- 膝部疼痛選用環跳、委中、鶴頂、內外膝眼、足三里、陽陵泉、陰陵泉。
- 踝部疼痛選用懸鐘、申脈、照海、丘墟、商丘、解溪、昆侖。
- 手部疼痛選用八邪、中渚、液門、三間、合谷。
- 足部疼痛選用八風、行間、太沖、內庭、足臨泣、俠溪。

以上各部均可配阿是穴。

　　常規消毒，用 1 寸或 2 寸毫針，進針得氣後先用提插或撚轉瀉法，以後每 10 分鐘行平補平瀉一次，並用手輕叩針刺局部，每次針刺 30 分鐘，6 次為 1 個療程，中間可休息 1 天，再進行下一個療程。

21 一般針刺與耳針及腹針對風濕免疫病治療有何不同？

除了一般針刺之外，還可以用耳針和腹針治療風濕免疫病。那麼耳針和腹針是怎樣操作的呢？他們和一般針刺又有什麼區別呢？

耳針，選擇耳穴的膝、肝、腎、神門、交感、皮質下等穴位。針具選擇：0.25mm×15mm 或 0.25mm×25mm（32 號 0.5 寸或 1 寸）。操作的時候，首先將皮膚常規消毒，醫生用左手拇食兩指固定耳廓，中指托起針刺部位的耳背，右手拇食中三指持針進行針刺。耳針與一般針刺相比，更加敏感，也方便操作。

腹針，取穴主穴取中脘、下脘、氣海、關元，配穴取上風濕點、上風濕外點、下風濕點、下風濕下點等。針具一般選用 1.5 寸毫針，32 號。操作腹部進針時避開毛孔、血管，施術要輕、緩，一般採用只撚轉不提插或輕撚轉、慢提插的手法。不要求患者有酸、麻、脹感。上述穴位每個穴位針刺，留針 30 分鐘，每隔一日進行一次，連續治療 4 周為 1 療程。施行腹針治療時，患者採用仰臥體位，易於放鬆，並且薄氏腹針針身較細，進針時患者幾乎沒有感覺，進針後並不要求酸麻脹重等針感，患者沒有不適感，相比普通針法更易於接受。

總之，一般針刺、耳針、腹針，都可以應用於風濕免疫病，至於究竟選擇哪一種，就要根據患者的病情和醫生的建議，綜合制定方案了。

22 艾灸可以治療風濕免疫病嗎？

艾灸是可以治療風濕免疫病的，通過熏灸體表穴位或患部，使熱力滲透，通過人體經絡慢慢感傳，起到活血化瘀、溫經通絡的作用，從而達到治病療疾的效果。特別適合於類風濕關節炎、強直性脊柱炎、骨關節腫痛、骨關節病等風寒痹痛。

一般我們常用的艾灸方法有溫和灸和隔物灸。溫和灸就是將點燃的艾條對準相應的穴位，距離皮膚大約 2~3cm 進行燻烤，使患者局部皮膚有溫熱感而無灼熱感為宜，一般每穴 10~15 分鐘，至皮膚紅暈潮濕為度。隔物灸就是在艾柱和皮膚之間襯墊某些藥物（生薑、蒜、鹽、附子餅）而施灸的一種方法。

我們具體介紹幾種方法：

溫和灸治療類風濕關節炎：點燃艾條之後用一手拇指、中指、食指拿着艾條，同時用另一手的拇指和中指將皮膚局部固定，將艾條懸在穴位上，艾火距離皮膚大概 2~3cm，讓皮膚感覺到溫熱，出現紅暈，但是不可以燒傷。可以選擇的穴位有曲池、手三里、足三里、合谷，以及感覺最為疼痛的部位。

隔薑灸治療強直性脊柱炎：將生薑打成生薑末，鋪在患者大椎穴全腰俞穴之間的距離，後正中線左右旁開 3cm，厚度大約 2cm，上面放艾柱點燃施灸，治療強直性脊柱炎頗有效果。

23 風濕免疫病人在針灸治療前後須注意什麼？

　　風濕免疫病人在針灸前要做好身體和心理上的準備。不能在過度饑餓、勞累狀態下進行針灸。如果感覺身體比較虛弱，應告知醫生，盡量選擇臥位進行針灸。如果局部皮膚有感染、破潰，則不能針灸。在心理上，患者應該提前了解針灸的感覺，消除對針灸的恐懼，並給予醫生充份信任。

　　針灸治療後如有皮下出血或有青腫等屬正常現象，勿須緊張，幾天後自會消失。針後如有過度疲勞酸脹等也是正常現象，勿須過慮。針灸後防止受涼，盡量不要呆在過熱過冷的地方。保證充足的營養及睡眠，並應適當的運動，以促進血液循環及新陳代謝。

　　艾灸之後，有人覺得身上有很重的味道，可以洗澡嗎？如果是熱水，可以馬上洗澡，但是最好等 20~30 分鐘後，這時經絡也基本處於灸後的修整狀態，灸後的熱度也逐漸揮發和利用，此時再洗熱水澡會感覺很舒服。但是不可以洗冷水澡。

　　在艾灸的過程中，往往有的人很快見效，而有的人遲遲不見效，這要看是什麼疾病，病史多久。風濕免疫病很多都是慢性病，而且很頑固，所以治療的時間會很久，所以，一定要有耐心。

24 拔罐對風濕免疫病有幫助嗎？

　　拔罐是一種非常便捷的治療方法，對風濕免疫病是有幫助的。中醫認為拔罐具有祛風除濕、溫經散寒、活血通絡、消腫止痛等作用。它能促進血液循環，促進新陳代謝，提高免疫力，緩解肌肉疼痛等作用。尤其對退行性骨關節病、風濕性關節炎、類風濕性關節炎等，可以起到緩解病情的作用。甚至通過起罐後的皮膚表現，還可以輔助判斷病情，如有水泡提示濕盛或痰濕，如罐斑色深紫提示瘀血，如罐斑微癢或出現皮紋提示風邪為患。

　　拔罐也是很講究穴位的選取的，如果上肢，就取曲池、外關、阿是穴，而下肢可以取豐隆、沖陽、阿是穴。選用適宜罐型，拔罐 3~5 分鐘。

　　為了提高拔罐的療效，還可以用藥罐，有一個方子可以嘗試：荊芥 10g、血竭 3g、地骨皮 10g、透骨草 12g、紅花 12g、當歸 10g、防風 15g、草烏 10g、川烏 10g、杜仲 12g、木瓜 15g、徐長卿 15~20g、絲瓜絡 15~20g。這些藥物浸泡 1 小時後，將竹罐浸入再泡 1 小時後文火煎 30 分鐘備用。按疼痛部位不同，循經取穴加阿是穴。這樣能夠增加溫經化濕、活血祛風、通絡止痛的功效。

25 風濕免疫病人可以接受推拿嗎？

　　風濕免疫病的症狀，以疼痛、關節活動不利為代表，所以很自然的，大家會想到是不是可以推拿呢？

　　我們先來看看推拿有什麼樣的作用。推拿具有疏通經絡，行氣活血、理筋整復，滑利關節的作用。推拿對人體關節的直接刺激，促進氣血運行。這種療法着眼於骨運動與軟組織鬆解，主要以骨運動為主，側重於鬆解關節周圍軟組織的黏連。比如通過對關節周圍的痛點和穴位，運用推法、揉法、點按法等，可以祛邪止痛、益氣行血、疏經通絡，通過對關節的抱揉和關節被動屈伸可以起到鬆解黏連、擴大關節間隙和滑利關節的作用。推拿病變的部位，還可使毛細血管擴張開放，改善局部血液循環，促進淋巴循環和水腫的吸收，這樣就可以增加肌肉神經的營養供給，加強軟骨組織自身的泵作用，緩解肌肉痙攣，消炎鎮痛，從而改善關節功能和關節積液的逐漸吸收。

　　這樣看起來，風濕免疫病是可以做推拿的。但是，我們須要強調，在症狀比較輕的時候，推拿可以起到緩解疼痛和幫助關節活動的作用。但當症狀加重，關節破壞明顯的情況下，就不適合做推拿了，因為推拿可能加重骨骼的破壞，這是需要大家非常注意的，最好能夠有 X 光片或關節 CT 的診斷支持。

26 能否介紹中醫治療系統性紅斑狼瘡的驗案？

　　陳姓女生是位正在讀書的中學生，在 14 歲的時候發現有小便泡沫，皮膚起皮疹一年多了，有時候還會發熱。後來就去醫院進行檢查，確診為"系統性紅斑狼瘡"。先是吃了很長時間的西藥，但是病情一直沒有控制下來。

　　於是，陳女生就來看中醫了。來看中醫的時候，她的身上有很多皮疹，並且告訴醫生，經常發熱，口腔中的潰瘍也經常發作，身體容易疲勞，檢查還有血尿和蛋白尿。診斷舌苔薄白，舌質紅，脈象很細。根據症狀，我們判斷為：熱毒深入營血，日久耗傷陰液。治療上呢，就應該是清熱解毒，涼血滋腎。

　　開處方：生地黃 10g、熟地黃 10g、菟絲子 25g、山茱萸 8g、牡丹皮 10g、六月雪 15g、石韋 20g、白花蛇舌草 20g、半枝蓮 15g、青蒿 15g、益母草 10g、蓮鬚 10g、金櫻子 20g、蛇莓 10g、大棗 5 枚。

　　後來患者就用這個方子作為基礎，長期服藥，半年後，檢查各項指標均下降到正常範圍，症狀也很穩定，沒有明顯的發作。

　　這裏解釋一下方子的含義：生地黃、熟地黃、山茱萸、菟絲子、牡丹皮、青蒿、白花蛇舌草、半枝蓮、蛇莓補腎滋陰、涼血解毒、化瘀通絡。石韋、六月雪、金櫻子等清熱利濕、固腎化濁。

　　大家請看，只要診斷準確，辨證對了思路，系統性紅斑狼瘡這樣的頑固疾病也是可以控制的。

27 能否介紹中醫治類風濕關節炎的驗案？

陳先生，57 歲，是一位教師，來看中醫的時候已經患上類風濕關節炎 1 年多，全身手、肘、膝關節疼痛，肌肉筋脈緊張抽搐，這四年來一直服用激素，但是沒能控制住。來看的時候，手指腫脹拘急，紅腫得很厲害，疼痛得很明顯，手指的關節已經變形了，全身都很消瘦，走路困難。舌苔黃厚膩，舌質暗紅，脈象小弦滑。這是風濕熱毒留着，痰瘀互結。

治療予以清熱化濕，解毒宣痹。處方：秦艽、防己、鬼箭羽、白薇各 12g，防風 5g、黃柏、蒼朮、炙僵蠶、地龍各 10g，土茯苓 15g，蒼耳草 20g，炮山甲 6g。吃了 8 付藥之後，手指的腫就消了不少。於是又在這張方子上加生地 12g，炙全蠍 3g，烏梢蛇 10g，又吃了 30 付。病情就逐漸好轉了，但是感覺到酸楚，舌苔雖然開始化開，但濕熱還沒有完全祛除，所以繼續換方子治療。處方：生黃芪、生地、土茯苓、透骨草各 15g，石斛、防己、漏蘆各 12g，地龍、烏梢蛇、黃柏、知母、當歸各 10g，炙全蠍 3g，炒蒼朮 6g，炮山甲 5g。連續服用 25 付。這時候不僅症狀得到控制，陳先生每天要服好幾片的激素，也降低到每天只須服用 1 片。後來堅持服用中藥 2 年左右，患者恢復了正常的生活和工作。

28 能否介紹中醫治乾眼症的驗案？

韓女士是位教師，50 歲，在三年前出現眼睛乾澀，咽喉也乾燥，腮腺也腫大。後來到醫院做了綜合檢查之後，診斷為：原發性乾燥綜合症。西醫給了眼藥水和西藥內服治療，一年多的時間沒有明顯改善，於是就來看中醫。

剛來的時候，韓女士雙眼都感覺乾澀不舒適，眼淚很少，不停地眨眼，咽乾口燥，嘴唇上都是皺皮，不停喝水。這是陰虛絡滯，肺不布津，須用生津潤燥，宣肺通絡，所以給予中藥治療，處方：南沙參 15g、北沙參 15g、天冬 15g、麥冬 15g、紫苑 20g、烏梅肉 10g、桃仁 10g、路路通 10g、連翹 15g、蒲公英 15g、生石膏 30g、甘草 5g。服用 1 個月之後，韓女士的眼睛乾澀與咽乾口燥等症狀都有所減輕。就繼續用原來的方子，吃了 2 個月之後，眼睛乾澀已經明顯緩解了。

29 能否介紹中醫治骨關節炎的驗案？

劉女十是從外地來看病的，56 歲，從 10 年前開始，每年均有足拇趾關節疼痛，持續 1 月左右，從來沒有治療過。今年如果遇到勞累，症狀就會加重，關節局部稍有熱感，近來天陰雨，手指關節稍痛，晨起僵硬、稍腫，舌質暗紫，苔中膩，脈細滑。有時還會感覺頭皮跳痛，手臂麻木，頸項不適。拍攝 X 片顯示：1 頸椎退行性改變；2 左足第一跖趾關節骨關節炎。這是腎虛肝旺，風濕痹阻，久病入絡。治療上處方：制黃精 12g、天麻 12g、鉤藤 15g、僵蠶 10g、片薑黃 15g、秦艽 12g、桑寄生 25g、懷牛膝 25g、川斷 25g、雞血藤 25g、鹿含草 15g、丹參 25g、橘皮 6g、草薢 15g、青風藤 15g、路路通 15g。

服藥 14 付之後，患者的症狀有所減輕，於是我們給予稍微調整方案，大約 2 個月，足趾脹痛消失，其他症狀也明顯減輕了。這就是用補益肝腎，祛風除濕通絡的方法之類骨關節炎的典型案例。

30 能否介紹中醫治乾燥綜合症的驗案？

案例： XXX，女，35 歲。

初診： 2016 年 12 月 5 日。

病史： 患者陰道乾燥，性交時疼痛已 1 年，另反覆感到有沙子吹入眼，是故前來尋求中醫診治。

刻診： 經過詳細問診後，患者有眼乾、口乾、陰道乾燥、兩膝酸痛。故囑其作以下檢查：CRP：36.5mg/L，IgG：19.5g/L，IgM：3.02g/L，CIC（+），ANA（+），RF（+），ESR：39mm/h，ENA 系列：ENA 總抗體陽性，抗 SSA（+），抗 SSB（+），尿常規：正常。便調，舌紅苔薄，脈細。

病機： 肝腎陰虛，痹阻經脈，治擬養陰活血，益氣潤燥，予百合地黃湯加減。

方藥： 百合 30g、生地黃 30g、穿山龍 50g、麥冬 10g、玄參 30g、淫羊藿 10g、知母 6g、夏枯草 15g、梔子 10g、懷牛膝 10g、山茱萸 20g、甘草 6g。

　　患者服藥後，至 2017 年 1 月 5 日，陰道乾燥消失，夫妻交合愉快，唯口乾及目澀減而未已。再服藥半年（處方加川石斛 30g），覆檢各項檢查正常，囑其堅持服藥。

按： 　*經日："燥勝則乾"，陰津不足易生內燥，故見口、目、咽及陰道等乾澀。百合色白入肺，而清氣中之熱，地黃色黑入腎，而除血中之熱，氣血即治，百脈俱清，雖有邪氣，亦必自下；另加用石斛、玄參等養陰生津之品加強潤燥；吾師朱良春教授對所有免疫功能有缺陷的疾病，多加入其經驗藥穿山龍，其味苦平，入肺、肝、脾經，此藥可祛風濕、通血脈、蠲痹着，其扶正之功尤為顯著。*

31 能否介紹中醫治強直性脊柱炎的驗案？

案例： XXX，男，26歲。

初診： 2010年11月25日。

病史： 患者06年發現AS。X片示：骶髂關節炎，09年11月腿髖關節疼痛，病情加重，諸藥少效，反覆遷延，是故前來尋求中醫診治。

刻診： 兩髖腰骶背項關節疼痛，活動困難，平臥不能翻身，深呼吸時，胸部略有不適，難以站立，納食可，苔中心薄膩微黃，舌紅齒印，脈細弦。檢查報告：2010年5月8日查：IgG24.3，IgA4.57，IgE223.28，ESR80，CRP38.7，HLA_B27(+)，血常規正常，ANA自免全套正常。

病機： 肝腎虧虛、風寒濕三氣雜至，痹阻經脈，治擬益腎養血，蠲痹通絡，予強脊方加減。

方藥： 獨活12g、桑寄生15g、川牛膝10g、炒當歸10g、白芍30g、橘核10g、玄胡12g、防風15g、防己12g、白芷12g、蜈蚣3條、全蠍6g、雷公藤10g、雞血藤20g、黃柏10g、生石膏15（先煎）、砂仁4g(後下)、甘草6g。

　　患者持續服藥後，至2011年3月10日，強脊炎經治療症狀有所改善，生活已經能自理，ESR、CRP均已恢復正常值。髖關節疼痛已有緩解，納可，苔薄膩微黃，脈細弦。

按： *患者持續近四個月的中藥治療，基本上病情穩定，ESR、CRP等均正常。病情未持續發展，生活能夠自理，已能站立行走，本病例治以益腎養血，蠲痹通絡為主。以補益肝腎，重用白芍以養血，抑制病情活動加以雷公藤、雞血藤，而蜈蚣、全蠍有息風鎮痙、祛風止痛作用；黃柏、生石膏在各項藥理研究亦有降低血沉的作用，穩定病情發展的機理。而其隨症加減建議有：寒痛選加麻黃、附子、細辛、桂枝、川草烏等。瘀象明顯者選加自然銅、桃仁、三七、乳香、沒藥等。*

痛甚者酌加徐長卿、全蠍、蜂房、炮山甲、馬錢子等。陽虛者選加附子、乾薑、肉桂、鹿角霜等。陰虛者選加生地、山萸肉、天麥冬等。濕熱者選加黃柏、蒼朮、苡仁等。腎虛精虧者選加生熟地、山萸肉、枸杞、續斷、千年健等。病情活動者選加雷公藤、青風藤、雞血藤等。寒熱錯雜者配合桂芍知母湯加減。

32 能否介紹中醫治痛風的驗案？

案例： 男，65 歲。

初診： 2016 年 06 月 20 日。

病史： 患者 10 年開始四肢多關節反覆紅腫熱痛，西醫診斷為痛風性關節炎，曾服西藥（患者未能提供），疼痛緩解後患者自行停藥。後病情反覆，8 個月前雙足踝痛風石破潰，潰瘍面一直不可控制，是故前來尋求中醫診治。

刻診： 雙足紅腫熱痛伴皮膚紫黑，潰瘍面數個，大小不等，最大為 10cm×7cm，侵及肌層，可見筋骨，有暗紅色液體流出，惡臭，體檢 ESR：68mm/h，血尿酸：600 µmol/L，CRP：46.3mg/L；胃脘脹疼不適，二便安，舌質暗紫，苔薄白膩，脈細弦。

病機： 風寒濕三氣雜至，濁瘀膠結凝固，治擬健脾化濕，泄濁化瘀。

方藥： 赤白芍各 15g、土茯苓 30g、威靈仙 30g、萆薢 20g、生苡仁 30g、豨薟草 30g、炮山甲 10g、鱉甲 10g、徐長卿 15g。

患者持續近六個月的中藥治療，基本上病情穩定，雙下肢潰瘍面已收口，ESR：22mm/h，血尿酸：390 µmol/L，CRP：11.3mg/L；胃脘脹疼已沒有，舌淡苔白，脈細弦。

按： *苡仁、萆薢、威靈仙、土茯苓等利濕解毒消腫；土茯苓、川萆薢在治療痛風上可泄濁又解毒、通利關節。現代藥理檢測可知通二藥能降低血中尿酸，而且土茯苓含鞣酸，有助促進機體傷口癒合；赤芍化瘀；關節腫大，痛風石者，加入穿山甲、蜣螂蟲以開瘀破結；威靈仙祛風通絡止痛，用量在 30~60g，可增加尿酸排泄，降低血尿酸，更有明顯的鎮痛作用。另外，吾師國醫大師朱良春教授臨床上喜用四妙散（黃柏／蒼朮／薏苡仁／牛膝），因此方清熱利濕、通利筋脈。*

33 中醫治免疫性流產

　　現代人因生活及工作壓力，出現不少晚婚才計劃生育的夫婦，她們易被歸入為高齡產婦兼流產高危一族，因而她們普遍會在懷孕期間特別注意。但筆者臨床卻見到很多 20 多歲女性因卵巢功能下降而不孕，或年輕時曾多次人流，到想要寶寶時雖可懷孕，卻反覆流產，而且胎心一般在 6 至 8 週停止。她們部份是自體免疫異常，主要是平時沒任何症狀，所以不易察覺。

　　懷孕過程中，母體與胎兒之間必須依靠一系列免疫隔離及免疫抑制作用，才能使生殖細胞發生、成熟、受精及着床。免疫性不孕及免疫異常增高而反覆自然流產者，抗精子抗體（AsAb）、抗子宮內膜抗體（EMAb）、抗卵巢抗體、磷脂抗體、透明帶抗體、ABO 血型抗體等都必須關注。免疫性流產是指懷孕媽媽的免疫系統攻擊寶寶，造成流產或早產，不過醫界對此說法仍沒有共識。以抗磷脂質症候群（APS）為例，抗磷脂質抗體會抑制滋養細胞的分化和功能，在懷孕後期使子宮胎盤血流栓塞。習慣性流產的婦女有抗磷脂質抗體，沒治療的話，活產率降到10%。西醫多以抗血栓的藥物治療抗磷脂質症候群，包括低劑量阿斯匹靈、肝素、低劑量短效類固醇等。可惜，西醫療效均不理想。

　　中國人對保胎一直重視，中醫保胎的歷史已非常悠久而且療效佳，中醫認為流產是氣血虧虛所致，在治療上常選用補氣固腎的藥物，臨床上有效的中藥保胎方劑甚多，醫生處方前必須根據孕婦的具體情況辨證施治，常用中藥包括太子參、黃芪、當歸、黃芩、白朮、杜仲、菟絲子、桑寄生、續斷、阿膠等。當代"送子觀音"夏桂成教授的加減膠艾湯，對治療免疫性流產患者妊娠時腹痛或出血均見奇效，吾師趙可寧教授乃其首徒，常在該方內適當加入補氣健脾之藥，令不少免疫性流產患者喜獲麟兒。

　　實例：患者美國人，42 歲，NK 細胞偏高，曾 6 次懷孕，可惜都在7～9週停止胎心。朋友介紹下轉看中醫，當時症狀如下：失眠，口乾，情緒易波動，乳房脹痛，舌偏紅苔少，脈弦數。治療以針刺及服中藥為主，每週針刺治療 4 次，以三陰交、足三里、神門及印堂等穴位，配合六味地黃丸加減，治療三個月懷孕，之後患者堅持治療，懷孕期間每週針刺5 次，日服安胎藥 2 次，終順利誕下麟兒。

34 風濕免疫病患者須要定期覆查嗎？

毫無疑問是須要的。因為風濕免疫病是一類長期疾病，定期覆查化驗指標，主要有兩個方面的意義：第一是無論是服用西藥還是中藥，長期服藥都會對身體造成一定的損害，所以須要定期覆查，以確定是否出現肝腎損害等副作用。如果出現了，那麼就須要根據化驗指標進行治療方案調整。第二是我們須要依靠化驗指標，判斷治療方案是不是有用。如果有效，那麼原有的方案就可以繼續進行；如果沒效果，就可能須要調整方案。如果病情減輕得很明顯，那麼我們治療的用藥種類和劑量都可以適當地減少。因此，定期檢查對風濕免疫病來說，是非常重要的。

那麼，間隔多久覆查一次比較好呢？根據我們的臨床經驗觀察，如果病情穩定的話，主要的化驗指標，三個月左右覆查一次就可以了。

35 風濕免疫病患者平時可以用哪些藥膏？

風濕免疫病有個很主要的症狀：疼痛。很多病人對於吃藥，有一些怕麻煩的情緒，就會求助，能不能用外用的藥膏呢？

當然是可以的，現在有很多藥膏可以用，舉幾個例子：——

複方南星止痛膏：它是由生天南星、生川烏、丁香、肉桂、白芷、徐長卿等多種中藥加工而成。具有散寒除濕、活血止痛的作用。用於寒濕瘀阻所致的關節疼痛、腫脹、活動不利、遇寒加重的。選最痛的部位貼，每個部位每一貼 24 小時。

辣椒城軟膏：這是由辣椒城制成的藥膏，主要通過影響與神經肽 p 物質的釋放合成與貯藏而起鎮痛作用和止癢作用。主要用於類風濕關節炎、骨關節炎引起的疼痛、肌肉疼痛、運動扭傷等。這個藥膏的使用，根據疼痛的面積確定每次的使用劑量。請注意：塗抹藥膏之後，要立刻用肥皂水洗手。

奇正消痛貼：它是由獨一味、水柏枝、莪達夏、水牛角等中藥制作而成。具有活血化瘀、消腫止痛的作用。用於風濕和類風濕疼痛，骨質增生、跌打損傷、肩周炎等疼痛也可以用。每一貼的貼敷時間也是 24 小時。

36 風濕免疫病患者怎樣選擇居住環境？

風濕免疫病患者最怕的就是寒冷、風吹還有潮濕，因此房間的方向最好是向着太陽的，能夠通風，保持乾燥，保持室內空氣新鮮。睡覺的床鋪也要平整，被褥輕便但是要暖和，要經常洗和曬，尤其是強直性脊柱炎的患者，最好是睡硬板床。床鋪的位置不能安放在風口處，否則很容易受涼。

室內要保持衛生，保持清潔的居住環境，因為垃圾多了之後會繁衍大量細菌，對免疫力有影響。而且室內如果堆放的雜物多的話，還容易造成潮濕的情況，對風濕免疫病不利。

如果患者生長的地方就是潮濕的，或者是寒冷的，那麼，在家庭財務狀況良好的前提下，可以經常外出到環境乾燥溫暖的地區旅行度假，甚至是搬遷過去居住。

總之，要根據患者自己的感覺，如果覺得不適的，就要及時尋找適合自己的環境，一般找相反的可能性會比較好。

37　風濕免疫病患者的日常起居是怎樣的？

　　風濕免疫病患者，洗臉洗手應該用溫水，晚上睡覺前最好泡腳，而且泡腳的時候熱水能夠浸到踝關節以上最好，時間應達到 15 分鐘以上，這樣可以促進下肢血液流暢。如果汗出得較多，就須要經常用乾毛巾擦乾；如果衣服都被汗浸濕了，就應該及時更換乾燥的衣服，避免受涼受濕。

　　如果患者四肢功能基本喪失而長期臥床的，應該及時在家人幫助下更換體位，防止褥瘡發生。如果手指關節畸形，沒辦法刷牙、洗臉、拿筷子的，應該設計一些簡便的用具，比如不須要擰絞的小毛巾、用調羹代替筷子，這樣患者會覺得方便許多。

　　如果是下肢膝關節或者踝關節變形的，走路非常不方便，就要防止他跌倒，一方面要設計合適的拐杖或輪椅給他行走，另一方面要把家裏的桌椅位置擺放得當，讓患者方便活動。

　　廁所裏也須要裝上把手，便於患者下蹲後起立。

　　總而言之，必須理解風濕免疫病患者的處境，解決他生活中不能自理的痛苦，給予適當的幫助。

38 風濕免疫病怎樣調整正確飲食

風濕免疫病的康復過程中，飲食是非常重要的，很多病人因為不注意調整飲食習慣，導致病情反覆發作。

總的方面，病人盡量要避免食用海鮮，如海帶、海參、海魚、海蝦等易引起免疫功能紊亂的食物。淡水裏生長的魚蝦可以適當食用。過多的脂肪產生過多的酮體，對關節有較強的刺激作用，如肥肉，炒菜、燒湯也應少放油。不吃辛辣刺激的食物，冰凍的食品飲料都是應該避免的。

最常見的類風濕關節炎，不要吃刺激性大的食物，如辣椒、蒜、韭菜、酸菜、油炸食品等。那病人應該吃些什麼呢？飲食應以清淡為主，少量多餐，做到高蛋白、高維生素，脂肪、熱量適中，低糖、低鹽。

痛風的病人也很多，須要限制嘌呤攝入。哪些食物含嘌呤多呢？動物內臟、骨髓、海鮮魚蝦、火鍋、豆類及豆製品等含有很高的嘌呤；菠菜、蘑菇、香菇、香蕈、花生米等含有中等量嘌呤，要少吃。痛風病人是嚴禁喝酒的！

乾燥綜合症的病人容易乾燥，因此辛辣、香燥、溫熱的食物，比如酒、咖啡、各類油炸食物、羊肉、狗肉、鹿肉、紅棗、桂圓，以及辣椒、胡椒、花椒、茴香等都不要再吃了。相反，對於中醫說的滋陰清熱生津之品，如鮮石斛、百合、絲瓜、芹菜、紅梗菜、黃花菜、枸杞頭、淡菜、甲魚等涼潤食物可以多吃。水果如西瓜、甜橙、鮮梨、鮮藕等，可以生津，也是可以多吃的。

39 風濕免疫病可以吃藥膳嗎？

藥膳是中醫非常獨特的治療和康復方法，通過藥物與食物的結合，在疾病的調養中起到良好的作用，下面我們給大家介紹幾款可以用在調養風濕免疫病的藥膳：──

鹿茸雞：鹿茸 20g、公雞 1 隻（1kg 左右較好）。製作方法：公雞宰殺去毛後，從肛門處橫切一刀口，將內臟掏出，洗淨雞身，將切成薄片的鹿茸放入公雞的肚子裏，再用針線縫合切口，將雞放入陶罐內，加水適量用文火燉到爛熟，再加少量的鹽，2 天內分多次食用。每個月可以吃兩次，連續 3 個月。適用於類風濕關節炎。

參鳥湯：鵪鶉 1 隻、高麗參 2g、大棗 4 枚、冰糖 1 塊。製作方法：將鵪鶉去毛洗淨，將高麗參切片放進肚子裏，加適量的大棗、冰糖和水，放入蒸籠隔水蒸熟，1 天內吃完，每週吃一頓，連吃 3~4 週。適用於類風濕性關節炎、幼年性類風濕性關節炎伴氣虛、氣血兩虛者。

滋陰瘦肉湯：生地、芡實各 30g，鮮蘆根 15g，瘦豬肉 75g，胡蘿蔔 50g，水發黑木耳 25g。這幾種藥材和食材一起煮湯，加鹽調味後食用，每週吃一頓。具有養陰生津、涼血養血、澤膚美容的作用，適用於乾燥綜合症。

赤小豆粥：赤小豆 30g、白米 15g、白糖適量。先把赤小豆煮熟，再加入白米作粥，加糖食用。每天早晨可以吃一頓，具有清熱利濕的作用。適用於痛風的患者。

當歸生薑羊肉湯：當歸 30g、生薑 30g、羊肉 50g。把當歸與生薑洗淨切片，羊肉入沸水鍋內去血水，撈出晾涼，切條備用。淨鍋入清水適量，將羊肉條下入鍋內再下當歸與生薑，武火燒沸，再改文火燉至羊肉爛熟。這道藥膳可以溫通經脈，活血舒筋。適用於各種關節疼痛的寒證。

40　有哪些湯水對風濕免疫病有幫助？

風濕免疫病的患者，很多人胃口並不好，所以喝一些湯水，既有利於病情，也有利於進食和吸收，我們介紹 5 種湯水：——

木瓜湯：用木瓜 4 個，蒸煮之後把皮去掉，搗成泥，然後用白砂糖1000g，把這兩種材料調和混勻，用瓷器收藏貯存，每天早晨起床的時候空腹，用開水沖服 1~2 匙。這個湯水有助於所有有怕冷症狀的風寒濕痹阻的風濕免疫病。

大棗人參湯：用人參或者西洋參 10g、大棗 5 枚，放在燉盅裏隔水燉熟，服用，每週可以喝 2 次。這道湯水有很好的補氣養血的作用，由於風濕免疫病很多患者病情特別久，以致氣血虧虛，沒有力氣，所以這道湯水是很適合的。

益母草雞蛋湯：益母草 15g、雞蛋 1 個。製作方法：益母草煎湯，去渣，加白糖適量之後，打一個雞蛋攪勻。這道湯水有滋陰活血的作用，適合於風濕免疫病患者病情久，有瘀血的情況。

八寶雞湯：黨參 10g、茯苓 10g、炒白朮 10g、炙甘草 6g、熟地黃15g、白芍 10g、當歸 15g、川芎 6g、母雞肉 500g、豬肉 1000g、雜骨1500g、蔥 10g、生薑 50g。上面的藥材一起用紗布裝好紮口，先用清水浸一下，而將雞肉、豬肉和雜骨沖洗乾淨，和藥材包一起放在鍋裏，武火燒開，再加蔥薑用文火煮熟。吃肉喝湯。這道湯水也是有助於補氣養血的，尤其是患者氣血虧虛，四肢無力，腰膝酸軟，可以每週吃一次。

羊脊骨羹：羊脊骨一條（搥碎）、肉蓯蓉 30g、草果 3 個、蓽茇6g。把這些材料一起文火熬成汁，再加點蔥白，就可以做羹來食用了。對於患者腰背疼痛、腰膝酸軟的，有很好的效果。

41 風濕免疫病患者在家裏可以採取哪些康復方法？

風濕免疫病的患者，病程很長，不僅僅需要藥物治療，家庭康復也是非常重要的輔助辦法。但是要分清階段，才好安排具體的措施。

急性期應注意休息並保持關節處於最佳功能位，以減輕疼痛、控制炎症、避免關節負重；亞急性期應進行主、被動關節活動度的訓練；慢性期可採取肌力和肌耐力訓練以預防和糾正畸形。以上訓練都應該遵循控制疼痛、避免引起關節破壞和循序漸進的原則。

家裏還可以利用物理因子療法的原理，購置一些簡單的設備，進行磁療、電療、蠟療、紅外線、溫水浴等，可消腫鎮痛，加速血液循環，促進炎症吸收，減少黏連，保護關節功能，防止關節變形。

根據 RA 患者功能受限情況，結合患者興趣愛好，制定與患者日常生活活動或工作學習有關，有助於改善或預防功能障礙的訓練方案以維持關節活動度，改善患者協調和靈巧度並對 RA 患者進行日常生活活動訓練，以提高患者的生活質量。

因病程較長且具有反覆性，有些患者在治療過程中會喪失信心，表現為情緒低落、抑鬱，甚至會有輕生念頭，因此在家庭生活中，家人可採用情志引導法鼓勵患者保持平和心態、樂觀精神，正確對待疾病，積極配合治療，以取得最佳治療效果。

患者的居住環境要保持舒適，不宜太吵。多數患者對天氣變化比較敏感，要及時提醒患者注意天氣及季節的變化。秋冬季節應注意防寒保暖，尤其是患處的保暖；春夏季節注意勤換洗衣物，保持衣被乾燥。

42 風濕免疫病患者可以運動嗎？

風濕免疫病患者，在急性發作的時候，是不可以運動的，必須先進行治療，當治療到症狀穩定，才可以考慮運動。

經治療後關節疼痛、腫脹減輕，可適當運動，這時候以床上運動為主。為保持關節活動度，每天應做一定量關節活動，而且每次都要盡量達到最大限度。還應主動伸展肢體，這樣可保持肌肉強度，維持肌肉的力量。比如：採取仰臥位，雙臂上伸過頭，向手指方向伸展，保持 1 分鐘後放鬆；伸展雙腿，足跟下伸，足背向膝關節方向屈曲，保持 1 分鐘後放鬆，每天 3 次。床上運動的時候，還可採取一定手法對病變關節及週圍軟組織進行按摩，以促進血液循環，防止肌肉萎縮。

如果在病情非常穩定的情況下，就可以進行在地面上的運動了，我們最推薦的運動是"八段錦"。八段錦是指八套動作：「雙手托天理三焦，左右開弓似射雕。調理脾胃須單舉，五勞七傷往後瞧。搖頭擺尾去心火，雙手攀足固腎腰。攢拳怒目增氣力，背後七顛百病消。」這是傳統健身運動中，特別適合風濕免疫病去做的一種。

八段錦是全身性運動，通過主動運動脊柱，上下肢等諸多關節而帶動有關神經，全身骨骼肌肉運動可加速血液、淋巴回流，促進全身神經血液循環及營養，使相關的神經，肌肉受阻得到有規律的牽拉，從而有利炎症和水腫的消退，解除肌肉痙攣。

穩定期的患者，每天做 1-2 次八段錦是非常好的。

43　風濕免疫病患者出現心理問題該怎麼辦？

風濕免疫病的病程很長，而且關節變形後會導致生活不能自理，所以患者很容易在心理上產生波動，焦慮、失落、消極等情緒會伴隨而來。怎麼辦呢？

其實，一個家庭如果出現了一位風濕免疫病的患者，全家成員都應該用積極的態度來幫助患者面對疾病。家庭的美滿和諧，可以給予患者無微不至的關懷和週到的照顧，這些能給患者帶來心靈上的撫慰和對康復的希望。然後患者的情緒就可以趨於平穩，這樣，病情也有利於緩解。

家庭成員首先要對患者的疾病有基本的了解，知道什麼時候是發作期，什麼時候是緩解期，患者什麼時候最為痛苦。根據不同的時段和場景，家庭成員要告訴患者不能急於求成，也不能忘記吃藥。對於失去信心的患者，家庭成員要積極配合並且創造條件告訴他，怎樣樹立新的信心。患者的康復訓練，或者運動，家庭成員盡量都能夠陪同患者一起進行，讓他感受到溫暖。

如果家庭成員比患者本人還要緊張和恐懼，那樣是非常不利於患者的康復的。

44 什麼是姿態護理？

姿態護理，也叫做體位護理，這是在風濕免疫病患者康復的過程中，很有用的護理方法。

因為風濕免疫病患者受到病痛的折磨，經常會出現一些姿態、體位的異常，以此來減輕痛苦。但是這些姿態往往是非正常的，時間久了以後，會影響患者正常的活動功能和生活自理能力。姿態護理的目的是糾正患者不良姿態與體位，對患者的坐、站、走路、睡眠等姿態都要關注。

一般會要求患者站立的時候要挺胸、收腹、兩手叉腰；坐着的時候盡量也要挺直腰，因此椅子要相對低一些，桌子要相對高一些。床鋪不可以太軟，枕頭也不可以太高，睡覺不能只向某一側睡，要左右均衡，否則髖關節和膝關節會發生攣縮畸形，而像強直性脊柱炎的患者，可以建議俯臥位，也就是趴着睡覺。

對一些關節變形很嚴重的患者，在吃飯、拿東西的時候姿態都會變形，就須要在關節部位固定一些裝置，以保證患者的動作是正常的，

注意到姿態護理，就可以保證患者在日常生活中的最低功能，同時也有利於患者能自理生活。

45　有哪些須要注意的併發症？

　　風濕免疫病是一種波及全身的免疫性疾病，不僅表現為關節腫痛、乾燥等症狀，也會表現出全身各個部位的症狀，出現很多併發症。

　　最常見的併發症有肺炎，由於免疫能力下降，身體很容易遭受細菌感染，所以風濕免疫病患者經常有出現肺炎須要及時治療的。其次有泌尿系統感染，由於免疫力低下，患者若日常生活不注意，或者在感冒之後，常常容易發生泌尿系統感染。還有柯興氏綜合症，這是因為用激素治療導致的症狀，如果激素用的時間過長，常因體內腎上腺皮質功能受到抑制而併發柯興氏綜合症，常見症狀主要有滿月臉、水牛背、體重增加等。口腔潰瘍也是很常見的，尤其是患者服用免疫抑制劑之後常出現口腔潰瘍，此外還可出現噁心嘔吐、厭食、皮疹、味覺消失等不良反應。患者由於風濕免疫病的時間太久，自身免疫功能下降，當社會上流行某些傳染病時，比正常人更易受到傳染。另外還可以出現肝大、黃疸、肝區痛及慢性活動性肝炎等。

　　所以，風濕免疫病的患者，不僅要注意疾病本身，還要注意各種併發症，不然的話，會造成生活的進一步惡化。

46　風濕免疫病患者可以進行性生活嗎？

　　風濕免疫病患者的性激素水平分泌一般是正常的，絕大部份患者有正常的性功能。因此，盡管風濕免疫病患者有疼痛、疲勞等不舒服表現，但只要給予科學的指導，這些困難是可以克服的，也就是說，是可以進行性生活的。

　　但是，由於風濕免疫病的影響，在某些情況下，也會影響到性生活的正常進行。比如疲倦，患病導致患者容易疲倦，影響有時比關節痛更嚴重。早期病例常有心理抑制，對於這些病人，性生活已成為很遙遠的事，即使被動參與，也很難引起興趣，顯得毫無活力，常使配偶感到迷惑，如不了解這個特點，可能造成婚姻衝突。此外，陰道乾燥的病人可引起性交困難。

　　性生活的姿勢也會造成患者難以進行，採用傳統仰臥位作愛的方法，需要骶髂關節、髖關節、膝關節的支撐，也需要手、腕、肘、肩關節支持伏在上面的性伴侶，只要有一個關節感到疼痛，就會引起性交時不適。所以在性生活當中，須要根據自己的情況，採取特別的姿勢。

　　另外，藥物的影響，如促腎上腺皮質激素會抑制雄激素對腦和性器官的刺激作用，讓患者的性欲和性反應降低，引起陽萎和不排精。這時候就須要對藥物治療方案進行調整，只要能讓情緒好轉，那麼恢復性生活也就順理成章了。

47　風濕免疫病患者的家人應該做些什麼？

　　風濕免疫病的患者，感受到的痛苦不止是疾病本身，還有在生活中的障礙。因此，家人對患者來說，就是非常重要的了，可以做很多事情讓患者提高生活質量。

　　由於風濕免疫病患者病情不穩定，反覆發作，病程漫長，發病時關節疼痛，十分難受，很多患者的治療效果都不太理想，遺留下不同程度的關節畸形。因此患者會擔心因為生病失去工作能力甚至是生活自理能力，成為社會和家庭的累贅，背負着沉重的心理壓力，情緒悲觀抑鬱，低落消沉。家人在與患者溝通時要注意方法與態度，盡量和藹親切，正確疏導患者心理，讓患者正確認識所患疾病，引導激發患者對社會和家庭的責任感，適當鼓勵患者獨立完成康復鍛煉，並對患者表現予以肯定，增強患者的自理能力及康復信心，讓患者以良好、積極的心態進行康復治療。

　　家人還要配合醫生，給患者講解所患疾病的性質及治療方案，指導患者遵照醫囑堅持用藥，注意禁忌，觀察用藥後的效果與不良反應。為避免病情反覆，不能私自停藥。出院後要提醒患者，定期去醫院覆查病情。

　　此外，長期用藥影響了患者的消化系統功能與食欲，因此營養飲食變得尤為重要。家人做飯應以清淡為主，容易消化，應該是富含鈣、鐵、維生素和蛋白質等營養豐富的食物，忌辛辣刺激、油膩。還可以在家裏設計適合患者的工具，為患者方便生活提供幫助。

48　風濕免疫病會否遺傳給下一代？

在看病的過程中，我們經常會遇到風濕免疫病患者告訴醫生說，父母或者祖輩曾經有過風濕免疫病患者，那麼，風濕免疫病會遺傳嗎？

科學家們對這個問題做了很多的研究，發現了一些和風濕免疫病有關的基因。另外，雙胞胎中如果有一個得了風濕免疫病，那麼另一個得病的可能性也很大。這些都說明，風濕免疫病和遺傳是有關係的。

但是，大家不須要過度擔心，這種情況的遺傳，我們只能把它叫做"遺傳傾向"，並不是絕對遺傳的，也就是說，如果父母中有人患了風濕免疫病，那麼他們的子女中得病的機會會比其他人高，但並不代表一定得病。因為是不是會得病還與個人的生活習慣、生活環境、工作強度、飲食愛好有關，是綜合因素導致發病的。所以，如果家人長輩中有得風濕免疫病的人，自己不須要擔心。

跋

冬皇（孟小冬）曾言，做學問或藝術，要有三項條件：第一是天賦，第二是毅力，第三是師友。年少時曾認為西方教育無秘密，個個可學。到中年開始漸有領悟，原來學中國哲學或術數，問學者之悟性若不足，有毅力或師友亦難登巔峰，三者俱備者，難遇，故古人云：遇之方可授。

要培養真中醫，須要由小開始，若已被植入太多西式哲學，缺乏中式《易》學等陰陽思維，再有毅力，也難以悟道。反思科技創新，回歸中國哲學本體，才可讓中醫走回正軌。有紮實的中醫思維作基礎，方可談創新。讀古賢絕學不明木克土，不知木分甲乙，土分陰陽，甲木乘陽土應處何方？乙木乘陰土是何症狀？

當代管理中醫業界的，非熟悉內情之人，而是西醫主導，以西管中，導致生半夏不可用，細辛不可過錢，而高人離世無以為繼，睛明透入眼底者已不多，選用風府天突又有幾人？1915 年孟河名醫丁甘仁手書致當時政府：**"撫今追昔，深為中醫前途懼焉。中醫之不振，非一日矣，今日尤甚。歐醫東漸，國粹將亡，杞人之憂，曷其有極？"**

自西醫傳入中國，中醫地位已直線下跌，幸得領導人重視，加上近年外國人漸明白西藥的副作用，國外民眾已盡量少用抗生素，轉投針灸等自然療法，已註冊的外國人針灸師人數竟比中國人多出數倍。

風濕免疫病人不了解中醫治療此病如滴水穿石，求快緩解疼痛者往往嘗得西藥之快後，原來已步入覆水難收之時，才轉求中醫治療，吾深感惋惜。作為慢性病患者，毅力尤其重要。以筆者為例，自鼻咽癌及血癌治療後，身體一直虛弱，夏天要穿羽絨大衣而無汗，四肢冰冷，口唇乾裂脫皮，又有哮喘纏身，每日準於凌晨一時氣管雞鳴至六時，坐在床而呼吸困難，無法睡眠，每月發燒至少三次，到處求醫，可惜罔效，故決定學中醫自救。

個人心得是治哮喘首要戒口，冷飲、汽水、啤酒、雪糕等要完全拒諸門外，選擇食物亦要小心，中醫定性為偏寒或偏涼的皆不入口，比如白菜、紹菜、西瓜、青瓜等。每天堅持飲藥，這樣的生活維持了二年，哮喘發作開始明顯減少，再過半年已基本絕跡。

西醫治病，患者住進醫院，有護士準時派藥，患者可準時服藥，病情一變，24小時有人監護，而且沒得到醫生簽署放行，患者不可輕易離開醫院，治療得到保證。找中醫治病則以病人之自律為首要，患者買藥後有否按時服用，有否聽從醫者之囑咐而戒口，有否按醫生指示或頻率做治療，上述幾點都操於患者手中。

舉例如針灸，一般要求每日治療或隔日治療，以10至12次為一個療程，若病人患的是疑難怪病，又自把自為主持治療方案，每10日才針刺1次，治療不似預期是必然之結果。正如當日吾須要每日到醫院做電療治鼻咽癌，風雨不改，若吾一週才做1次，可以肯定，今天讀者就看不到此文。

孟河名醫馬培之被邀入宮，慈禧每次皆把馬氏之處方隨意改動，馬氏見情況不妙，託病回鄉。

《紀恩錄》有記載："初八日，黎明進內……謹以原方加續斷一味。奉皇太后旨，命去續斷，改當歸。欽遵，更易進呈。"

又如："二十五日黎明進內……會議立方，謹仍六君子加神曲、雞內金進呈。內監傳旨云：雞內金命換一味。謹遵，改用焦山楂進呈。"

由此可見御醫難當，辨證施方常常受到皇帝干涉，縱有高明醫術，也得謹遵聖旨，倘有異議，皇帝便會動以顏色，這樣便給治療增添了不少異數，由此可知，為何皇族之家多短命。

瑞士的登山鐵道位列世界之最，曾看過一個訪問，受訪者是參與建設瑞士鐵道的工程師，他有段說話非常值得在此與中醫同業分享，他說：我們從來不與其同行比較，我們只會不斷超越自己，讓世界感受到瑞士人建造登山鐵道的熱誠。

呂澤康
己亥年夏寫於濠江

免責聲明

　　本書所提供的資料（簡稱「資料」）只供參考之用。我們已盡力確保書內的「資料」準確無誤，但我們並不對該等「資料」的準確性作出任何明示或隱含的保證。

　　對於與本書有關連的任何因由所引致的任何損失或損害，我們概不負責。